Bibliografische Information der Deutschen Nationalbibliothek:

Die Deutsche Bibliothek verzeichnet diese Publikation in der Deutschen National-
bibliografie; detaillierte bibliografische Daten sind im Internet über http://dnb.d-
nb.de/ abrufbar.

Impressum:

Copyright © 2016 GRIN Verlag, Open Publishing GmbH
Druck und Bindung: Books on Demand GmbH, Norderstedt Germany
ISBN: 978-3-668-23251-8

Dieses Buch bei GRIN:

http://www.grin.com/de/e-book/323271/welche-beduerfnisse-sind-am-wichtigsten-
5-klasse-mittelschule-arbeit-wirtschaft-technik-awt

Sabrina Wehrl

Welche Bedürfnisse sind am wichtigsten? (5. Klasse Mittelschule, Arbeit-Wirtschaft-Technik/AWT)

GRIN Verlag

Inhaltsverzeichnis

1. Wissenschaftlich-sachliche Grundlage 2

2. Lehr- und Lernziele 4

2.1 Was soll mit der Unterrichtsstunde erreicht werden? 4

2.2 Was möchte ich als Lehrer erreichen? 4

2.3 Welche Bedeutung hat der Inhalt der Stunde für die Schüler? 5

2.4 Wo sehe ich Schwierigkeiten? 6

3. Lernstand 7

3.1 Welchen Lernstand stelle ich in der Klasse insgesamt fest? 7

3.2 Auf welchem Lernstand befinden sich die Schüler konkret? 9

3.3 Welche differenzierenden Maßnahmen ergreife ich aufgrund des beschriebenen Lernstandes? 9

4. Lernarrangement 11

4.1 Warum eignet sich die gewählte Methode für die Umsetzung der Lerninhalte? 11

4.2 Wodurch zeigt sich der Lernzuwachs der Schüler? 12

5. Sequenz 13

6. Unterrichtsverlauf 14

7. Material 18

8. Literatur 26

1. Wissenschaftlich-sachliche Grundlage

Was ist eigentlich ein Wunsch, was ein Bedürfnis? Schlägt man den Begriff Wunsch beispielsweise im Duden[1] nach, findet sich folgende Antwort.

> „der Wunsch: Begehren, das jemand bei sich hegt oder äußert, dessen Erfüllung mehr erhofft als durch eigene Anstrengungen zu erreichen gesucht wird"

Jeder Mensch hat unzählige Wünsche. Sie können nahezu utopisch sein wie beispielsweise einmal ins Weltall zu fliegen, aber auch bescheidene und realisierbare Wünsche. Wünsche entstehen situationsabhängig, manche jedoch sind dauerhaft. Die Grenze zwischen Wünschen und Bedürfnissen liegt dort, wo ein spezifischer Mangel entsteht, der beseitigt werden kann. Jedoch werden Wunsche und Bedürfnisse oft und gerade im Alltag synonym verwendet, wie auch der Duden zeigt[2]:

> „das Bedürfnis: 1. Wunsch, Verlangen nach etwas; Gefühl, …2. [materielle] Lebensnotwendigkeit; etwas, was jemand …3. Notdurft"

Der kleine Unterschied dennoch ist, dass ein Wunsch erst dann zu einem Bedürfnis wird, „wenn man etwas unternimmt, um sich diesen Wunsch zu erfüllen."[3] Fehlt einem beispielsweise die tägliche Nahrung, wird derjenige versuchen, etwas zu essen zu bekommen.

Bedürfnisse sind die Voraussetzung und Grundlage wirtschaftlichen Handelns. Der eigentliche Grund, warum Menschen wirtschaften, liegt in den Bedürfnissen, die sie befriedigen möchten.

In der Wirtschaftstheorie ist ein Bedürfnis ein Mangel, den man beseitigen möchte. Konsumenten suchen nach Möglichkeiten, ihre Bedürfnisse auf einem Markt zu befriedigen. Die Anbieter von Produkten suchen nach Möglichkeiten, ein für sie lohnendes Angebot für die Bedürfnisse der Verbraucher zu machen. Bedürfnisse sind folglich der Motor des Wirtschaftens.

Bedürfnisse lassen sich nach unterschiedlichen Kriterien einteilen:[4]

a) nach der Dringlichkeit

- primäre, biologische oder lebensnotwendige Existenzbedürfnisse, z.B. Nahrung, Schlaf, Kleidung, Wohnung, Zuwendung
- sekundäre, gesellschaftliche oder Kulturbedürfnisse: Sie sind von der historischen Entwicklungsstufe, den geografischen Bedingungen und den soziologischen Determinanten abhängig, z.B. Religion, Musik, Vereinsleben, Theater, Dichtung usw.
- tertiäre oder nicht lebensnotwendige Luxusbedürfnisse: Sie erleichtern das Leben, erhöhen die Lebensqualität, sind Indikatoren für den Lebensstandard und sind besonders abhängig von den

---

[1] http://www.duden.de/rechtschreibung/Wunsch
[2] http://www.duden.de/suchen/dudenonline/bed%C3%BCrfnis
[3] Frauenknecht, Thomas, Heinrich Kohl u.a. (2005b): Wege zum Beruf 5 Lehrerband, Bildungsverlag Eins Troisdorf, S. 45.
[4] Dörfler, Roland und Andreas Gmelch (2004): Praxis 5 Arbeit Wirtschaft Technik, Westermann Verlag Braunschweig, Lehrerband, S. 59.

gegebenen materiellen und zeitlichen Ressourcen; außerdem werden sie v.a. durch die Werbung geweckt und beeinflusst; z.B. Auto, Handy, Fernreisen, kulinarische Genüsse, usw.

b)   nach der Bezogenheit

- Individualbedürfnisse: Sie betreffen die Befriedigung durch individuelles Konsumieren, z.B. Nahrung, Kleidung
- Kollektivbedürfnisse: Ihre Befriedigung kann erfolgen durch gesellschaftliche oder kollektive Konsumtion, z.B. Rechtsprechung, Straßenbeleuchtung, Verkehrsinfrastruktur usw.

c)   nach der Art der Güter

- materielle Bedürfnisse
- immaterielle Bedürfnisse

Individual-, Kollektivbedürfnisse, materielle und immaterielle Bedürfnisse werden häufig auch als Wahlbedürfnisse bezeichnet, die erst nach den Grund- bzw. Existenzbedürfnissen befriedigt werden. Es liegt jedoch im Wesen des Menschen, dass stets versucht wird Wahlbedürfnisse zu befriedigen, obwohl sie nicht lebensnotwendig sind. Sie machen jedoch das Leben angenehmer. Jeder Mensch hat ein anderes Empfinden, was er als ‚notwendig' empfindet. Darüber hinaus unterscheiden oder identifizieren wir uns auch durch unsere Wahlbedürfnisse zum Beispiel durch unsere Kleidung, unser Image. Es ist typisch für den Menschen nach immer mehr zu streben, z.B. Geld, Reichtum, Auto, Reisen, Kino, Schmuck, Schönheit usw.

Die hierarchische Abstufung der Bedürfnisse nach dem Psychologen Abraham Maslow wird meist als Pyramide dargestellt. Man unterscheidet primäre und sekundäre Bedürfnisse. Während man auf Wohnung, Nahrung und Kleidung nicht verzichten kann, werden andere Bedürfnisse wie soziale Bedürfnisse nachgestellt.[5] Innerhalb dieses Stufenmodells müssen erst die Grundbedürfnisse nach materieller Versorgung und Sicherheit befriedigt werden, bevor weiter Bedürfnisse wie beispielsweise nach Anerkennung, soziale Kontakte, schöpferische Leistung und Selbstverwirklichung befriedigt werden können. Das bedeutet nach seiner Theorie, dass der Mensch erst wenn die Bedürfnisse einer unteren Stufe befriedigt sind, nach der Befriedigung einer höheren Stufe strebt. Auf diese Weise erhöht erst das inzwischen befriedigte Bedürfnis die Motivation, ein weiteres zu befriedigen. Diese Ansprüche werden unter anderem auch durch den kulturellen Hintergrund sowie Werte und Normen geprägt.

Das Auftreten höherwertiger Bedürfnisse hängt zum einen von der Reife sowie vom Lebensalter ab, zum anderen aber auch vom Ausmaß, wie Grundbedürfnisse im Verlauf der persönlichen

---

[5] Vgl. Dr. Peter Pfriem: Wirtschaftliches Grundwissen für den AWT-Unterricht

Entwicklung befriedigt werden konnten. Gerade in Entwicklungsländern müssen viele Menschen mit dem Lebensnotwendigen auskommen oder sogar darum bangen. Jemand, der materiell aber auch sozial schlecht versorgt wird, kann keine höherwertigen Lebensziele für sich formulieren, da er ist ständig mit der Abdeckung des Grundbedarfs beschäftigt ist.[6]

Das Modell von Maslow lässt sich empirisch nicht bestätigen, da die Zufriedenheit eines Menschen nicht messbar, sondern nur über dessen Selbstaussage nachzuvollziehen ist.[7] Die Pyramide von Maslow ist kein starres Konzept, die Grenzen verlaufen eher fließend. Somit sollte die Maslows Theorie eher als umfassende Struktur der menschlichen Ideale verstanden werden.

2. Lehr- und Lernziele

2.1 Was soll mit der Unterrichtsstunde erreicht werden?

Die Schülerinnen und Schüler

- werden sich bewusst, dass Menschen unterschiedliche Bedürfnisse haben.
- stellen Vermutungen an, welche Bedürfnisse am wichtigsten sind.
- kennen die Begriffe Existenz-, Kultur- Luxus- und soziale Bedürfnisse und können diese voneinander unterscheiden.
- lernen die vereinfachte Bedürfnispyramide nach Maslow kennen.
- können Bedürfnisse innerhalb der Bedürfnispyramide hierarchisch zuordnen sowie ihre eigenen Bedürfnisse in die Bedürfnispyramide richtig einordnen.

2.2 Was möchte ich als Lehrer erreichen?

- Die SuS[8] dort abholen wo sie stehen, indem an Bekanntes angeknüpft wird und ihr altes Wissen um neues erweitert und beides verknüpft wird
- Die SuS machen sich die verschiedenen Bedürfnisse eines Menschen bewusst und hinterfragen künftig ihre Wünsche und Bedürfnisse bezogen auf die Frage „Brauche ich das wirklich?"
- Den SuS eine angenehme und motivierende Lernumgebung schaffen.

---

[6] Vgl. Klose, Veronika und Lydia Ostermeier (2004): AWT aktuell 5 Lehrermaterialien, Oldenbourg Verlag München u.a., S. 28.

[7] Vgl. Holzkamp, Klaus (2003): Grundlegung der Psychologie, Campus Verlag Frankfurt am Main, S. 142.

[8] Fortwährende Abkürzung für Schülerinnen und Schüler

2.3 Welche Bedeutung hat der Inhalt der Stunde für die Schüler?

Die Thematik der Stunde konzentriert sich auf die Rolle der Schüler als Konsumenten. Dörfler und Gmelch untermalen dessen Wichtigkeit, wenn sie dies so erklären:

> „Junge Konsumenten sind heute vielfältigen Beeinflussungen unterworfen, die ihnen häufig nicht einmal bewusst werden. Die anbietende Wirtschaft versucht mit absatzpolitischen Maßnahmen Einfluss auf Kinder und Jugendliche zu nehmen, da diese eine nicht zu unterschätzende wirtschaftliche Zielgruppe darstellen. Allein die Taschengeldausgaben bedeuten eine Kaufkraft in Milliardenhöhe."[9]

Darüber hinaus entscheiden Kinder und Jugendliche bei den Einkäufen ihrer Eltern oft in erheblichem Maße mit. So werden Kinder im Marketingdeutsch zu „Entscheidern", Eltern verkümmern hingegen zu „Besorgern".[10] Dies zeigen auch die vielen Wünsche der Klasse, wie Konzertkarten, PC- und Spielkonsolen und viele weitere materielle Bedürfnisse, welche es zu befriedigen gilt. Auf die vorausgegangene Frage, ob die Schüler denn in der Regel das bekommen, was sie sich wünschen, bekam die Lehrkraft ein weitgehendes Nicken als Antwort.

Hinzu kommt die Tatsache, dass die Zielgruppe der Kinder und Jugendlichen für die Wirtschaft auch deshalb interessant ist, weil viele Verhaltensweisen der Konsumenten bereits im jugendlichen Alter geprägt werden.[11] Eine frühzeitige Verbraucherbildung ist daher unabdinglich, welche daher auch als Aufgabe der Hauptschule anzusehen ist[12]. Denn das Fach Arbeitslehre hat unter anderem auch die Aufgabe, den Schüler zum mündigen Konsumenten, Verbraucher und Wirtschaftsbürger zu qualifizieren

„Für einen toleranten Umgang miteinander, aber auch für ein bewusstes, selbst verantwortetes eigenes Leben ist es notwendig, die Unterschiedlichkeit [und] Wertigkeit (...) von Bedürfnissen der Menschen zu erkennen."[13] Kinder und Jugendliche sollen nach der Stunde wissen, dass es verschiedene Bedürfnisse gibt, welche es zu befriedigen gilt, nicht jedes Bedürfnis aber unbedingt ein Muss darstellt. Nicht alle Bedürfnisse sind gleich wichtig und nicht jeder Wunsch muss unbedingt erfüllt werden. Auf diese Weise sollen sie zu verantwortungsvollem Konsumverhalten herangeführt werden und ihre künftigen Kaufentscheidungen überdenken, indem sie sich fragen, ob sie einen bestimmten Gegenstand wirklich benötigen. Dies ist auch im direkten Vergleich unter Freunden besonders wichtig, da gerade hier häufig Neid und Missgunst entsteht, wenn andere etwas haben, was man selbst nicht bekommt oder sich nicht leisten kann. Dies ist auch dann wichtig, wenn es im

---

[9] Dörfler, R. / Gmelch, A. (2004): S. 58.
[10] Ebd. S. 59.
[11] Ebd. S. 59.
[12] Vgl. Lehrplan für die bayerische Mittelschule, Kapitel I:Grundlagen und Leitlinien, S. 9.
[13] Lüttringhaus, Ulrich, Helmut Maier, u.a. (2005): Arbeit, Wirtschaft, Technik 5. Lehrerband für die 5. Jahrgangsstufe, Auer Verlag GmbH Donauwörth, S. 17.

weiteren Verlauf der Sequenz darum geht, das eigene Konsumverhalten zu reflektieren sowie mit seinem Geld verantwortungsvoll umzugehen.

2.4 Wo sehe ich Schwierigkeiten?

Die Bedürfnispyramide von Abraham Maslow wurde stark vereinfacht und mit den allgemeinen Inhalten der Lehrbücher verknüpft, sodass der Inhalt für die Schüler greifbarer und nachvollziehbarer wird. Dennoch kann es aufgrund der Fachbegriffe zu Schwierigkeiten kommen. Abhilfe wurde dadurch geschaffen, dass die Begriffe entweder auf dem Arbeitsblatt als Fußnote oder im Text selbst erklärt werden.

Sowohl Leistungsstand als auch Motivation befinden sich in der Klasse auf unterschiedlichen Ebenen. Während einige Schüler sehr motiviert sind und sich gern am Unterrichtsgeschehen beteiligen, gibt es ein paar Schüler, welche öfters den Unterricht durch unqualifizierte Beiträge stören möchten. Außerdem zeigt sich, dass es fast immer dieselben Schüler sind, von denen gute Beiträge zu erwarten sind.

Die drei Mädchen der Klasse sind meist sehr ruhig, beteiligen sich wenig verbal am Unterricht, bearbeiten jedoch ihre Arbeitsaufträge weitgehend eigenständig und zuverlässig.

Die Klasse zeigt sich allgemein in der Ausführung der Arbeitsaufträge noch recht unselbstständig, welches häufig zu Nachfragen führt. Es gibt außerdem ein paar stark sozial-emotionale Kinder sowie sehr leistungsschwache Schüler und ein Schüler kommt direkt aus einer Förderschule. Die leistungsschwachen Schüler haben Schwierigkeiten, längere Zeit alleine und leise zu arbeiten. Auch fehlt es ihnen hin und wieder an Konzentration, eine für sie schwierigere Aufgabe zu meistern. Dennoch müssen sie darin geschult werden, auch alleine arbeiten zu können. Es wurde gemerkt, dass gerade diese Schüler die Arbeit in Partnerarbeit nutzen, um sich selbst zurückzunehmen und vom Banknachbarn abzuschauen.

Eine allgemeine Schwierigkeit kann sich möglicherweise in der Einhaltung des Zeitrahmens ergeben, da durch die verschiedenen Methoden die benötigte Zeit vorab schwer einzuschätzen ist.

3. Lernstand

3.1 Welchen Lernstand stelle ich in der Klasse insgesamt fest?

Die Ganztagesklasse setzt sich mittlerweile aus 15 Jungen und drei Mädchen zusammen. Zwar kam ein Schüler durch Umzug erst am 23.11.2015 an die Schule bzw. in die Klasse, ist er aber vom ersten Tag an fester Bestandteil der Klasse und gut integriert. Dieser ist sprachlich recht fit und arbeitet im Großen und Ganzen auch gut mit. Die Klasse ist insgesamt aufgeweckt und freundlich. Gegen Ende der Osterferien wird uns ein weiterer, recht unauffälliger Schüler verlassen, da dieser umziehen wird.

Es gibt zwei Knaben in der Klasse, welche etwas anders entwickelt sind als die anderen. Beide Schüler zeigen aggressives Verhalten, wenn es um Konflikte im sozialen Umfeld geht. Ihnen fällt es sehr schwer, die Grenzen anderer zu achten, geschweige denn Gefühle anderer richtig einzuschätzen. Ein Schüler kommt aus Brandenburg und lebt erst seit September bei seinem Vater, er war zuvor in verschiedenen Kinderheimen und hat starke soziale Verhaltensdefizite. Gerade die ersten Monate hatte er sich selbst nicht im Griff und fiel durch aggressives, beschimpfendes Verhalten auf. Sein Verhalten hat sich jedoch gebessert. Dies kann mit der Einnahme von Medicinet zu tun haben. Während er anfangs stark mit negativem Auftreten auffiel, wirkte er zu Jahresbeginn im Unterricht meist abwesend und ruhig. Er arbeitet nicht mit, die Klassenlehrerin ließ ihn mittlerweile gehen. Seit Mitte Januar jedoch fiel er besonders in meinem Unterricht positiv auf, indem er sich hin und wieder meldete und vor allem seine Hefteinträge selbstständig und ohne Aufforderung vollständig abschrieb, welche anfangs in keinem Fach angefertigt wurden. Trotz seines mittlerweile besseren Sozialverhaltens wird der Schüler zwar im Klassenverbund toleriert, aber nicht unbedingt akzeptiert. Die Zusammenarbeit mit anderen hat sich gebessert, ist aber immer noch als schwierig anzusehen.

Der Schüler mit atypischem Autismus hatte am 5.2.2016 seinen letzten Schultag, da er nach den Ferien an der gegenüber befindlichen Förderschule unterrichtet wird.

Es gibt einen weiteren Schüler, welcher stark auffällt. Nicht nur wegen seiner Größe, sondern auch wegen einer Wahrnehmungsverarbeitungsstörung. Er wird noch auf das Asperger-Syndrom geprüft. Ihm fällt es häufig schwer, sich in andere hineinzuversetzen, er ist jedoch in die Klasse recht gut integriert. Er ist ein sehr höflicher Schüler mit einem Spezialwissen über die Titanic und Planeten sowie einem generell hohen Interesse an der Geographie. Er arbeitet sehr langsam und man muss ihn fast immer mehrmals gesondert auffordern seiner Aufgabe nachzugehen. Aus diesem Grund hatte er auch die ganze Grundschulzeit über einen Schulbegleiter. Es wird derzeit nach einem neuen gesucht. Vor den Ferien führte ich zum ersten Mal sowohl in GSE als auch einmal in AWT Gruppenarbeit ein, was sich als schwierig herausstellte. Dieser Schüler ist mit anderen nicht kompatibel. Er lässt sich von keinem etwas sagen, beharrt auf sein Recht und hindert die Gruppe am Vorankommen. Hinzu kommt, dass er mit einigen Schülern aus der Klasse derartige Reibereien hat, sodass man ihn möglichst weit von diesen Kindern wegsetzen sollte, um beispielsweise Beschimpfungen zu vermeiden. Dennoch möchte ich die Arbeit in Gruppen schrittweise routinieren, wobei die Betreuungslehrkraft sagt, ich könne ihn künftig auch alleine arbeiten lassen, damit jede Gruppe auch zu einem Ergebnis komme.

Die Partnerarbeit klappt größtenteils in der Klasse, wobei die Einzelarbeit nach wie vor zu sicheren und guten Ergebnissen führt. Dadurch dass jedoch jeder Schüler eine Bank für sich alleine hat, ist eine Partnerarbeit zudem immer mit Schwierigkeiten verbunden. Die Schüler haben keinen festen Banknachbarn, wodurch eine Partnerarbeit erleichtert werden würde und man hier auch davon ausgehen könnte, dass jeder Schüler neben jemandem sitzt, den er mag. Ist der nächste „Banknachbar" eines Schülers zum Beispiel krank, müsste dieser mit einem anderen nahe sitzenden Schüler zusammenarbeiten, was in dieser Klasse oftmals zu Streit und Auseinandersetzungen führt.

Aufgrund der beschriebenen Sachlage beschlossen die Betreuungslehrkraft und ich, zumindest für die Gruppenarbeit feste Gruppen einzuteilen, mit denen nahezu alle Schüler einverstanden waren. Dabei wurde vor allem darauf geachtet, welche Schüler nahe beieinander sitzen, sodass keine Tische verschoben werden müssen oder gar Schüler durch das Klassenzimmer laufen müssen, um bei ihrer Gruppe anzukommen. Die Gruppenzusammensetzung unterlag also hauptsächlich zeitsparendem und organisatorischem Faktor, nicht unbedingt wer gerne mit wem arbeitet. Bei zwei Schülern, welche zwar nach diesem Schema in einer Gruppe gewesen wären, aber schon seit der Grundschule Konflikte miteinander austragen, haben wir umdisponiert.

Einige wenige Schüler stechen mit stetiger Mitarbeit hervor, der Großteil arbeitet eher weniger konstant mit. Ein Unterrichtsgespräch ist häufig, aufgrund weniger Meldungen anderer Schüler, nur mit diesen zu führen. Daher liegt es oft an der Lehrkraft, auch die ruhigen Schüler aufzurufen, selbst wenn sie dann riskiert, jemanden aufzurufen, der die Antwort nicht weiß. Es fällt auf, dass die Mitarbeit in allen von mir unterrichteten Fächern hauptsächlich von diesen wenigen Schülern getragen wird. Es lässt sich also ein generell in allen Fächern unterschiedlicher Leistungsstand zwischen den Schülern erkennen. Dieser sowie die Mitarbeit sind also nicht unbedingt fach- oder interessenabhängig, abgesehen bei dem Jungen mit vermutlichem Asperger-Syndrom. Während einige Schüler die Arbeitsanweisungen sofort umsetzen und gute Beiträge bringen, haben andere gerade erst begonnen den Arbeitsauftrag zu lesen oder fragen noch einmal gesondert nach, was sie jetzt tun sollen. Wie oben bereits angemerkt, sind es besonders die Mädchen, die sich nur sehr zögerlich am Unterricht beteiligen, ihre Arbeitsaufträge führen sie jedoch meist gewissenhaft durch. Allerdings möchten sie überwiegend zu dritt arbeiten, die Einzelarbeit fällt ihnen, wie sehr vielen anderen Schülern der Klasse, noch schwer. Zwei bis drei Schüler sind häufig schneller fertig als die anderen, gerade für diese ist Zusatzmaterial wichtig.

3.2 Auf welchem Lernstand befinden sich die Schüler konkret?

In der Einführungsstunde führte ich in den neuen Lehrplanbereich „5.2 Bedürfnisse, Werbung und Konsum" ein. Dabei wurde gemeinsam mit den Schülern das Überblicksbild des ersten Hefteintrags angesehen, um gemeinsam zu verorten, wo wir uns im Fach AWT derzeit befinden. Der Bereich Arbeit ist abgeschlossen und wir stiegen mit der Stunde „Die Wünsche der 5" in den neuen Bereich Wirtschaft ein. Jeder Schüler bekam dazu zwei Wortkarten, auf welchen er seine derzeitigen Wünsche äußern konnte, die später in zwei Spalten angeordnet wurden. Durch diese Einteilung wurde den Schülern bewusst, dass man materielle und immaterielle Wünsche unterscheidet, denn nicht alle Wünsche lassen sich mit Geld so einfach erkaufen. Materielle Wünsche kann man sich mit Geld kaufen, immaterielle Wünsche lassen sich nicht mit Geld (oder nur schwer) erfüllen. Es war dabei sehr interessant, dass hauptsächlich materielle Wünsche genannt wurden, wie teure Autos, Villen, PC-und Spielkonsolen. Nur ein paar wenige immaterielle Dinge wurden genannt, wie beispielsweise der Wunsch nach Frieden (kein Krieg mehr) oder der Wunsch „endlich gescheit Sprechen"[14] zu können. Dinge wie gute Noten oder Freundschaft wurden nicht genannt, mit welchen die Lehrkraft allerdings rechnete.

In der zweiten Stunde zum Themenbereich Bedürfnisse wurde mit den Schülern behandelt, dass Wünsche und Bedürfnisse von vielen Faktoren abhängig sind, wie zum Beispiel dem Alter, dem Geschlecht, aber auch der Herkunft. Dabei soll unter anderem auch auf Menschen anderer Herkunftsländer aufmerksam gemacht werden. Dies wird in der Vertiefung der Vorführstunde Anlass, an das Vorwissen der Kinder anzuknüpfen.

3.3 Welche differenzierenden Maßnahmen ergreife ich aufgrund des beschriebenen Lernstandes?

Das eingangs abgespielte Hörspiel dient der Motivation der Schüler, einmal eine andere Einstiegsmethode als die bisher bekannten wie zum Beispiel Bildimpulse kennenzulernen. Dabei kann es passieren, dass das Hörspiel ein zweites Mal abgespielt werden muss.

Die Schüler sollen wissen, dass es unterschiedliche Bedürfnissen mit unterschiedlicher Wichtigkeit gibt. Da die Bedürfnispyramide von Abraham Maslow recht komplex ist, wurde zunächst im Schulbuch nachgesehen, wie diese dort umgesetzt wird. Leider wurde diese dort nicht erwähnt. Es wurde lediglich darauf hingewiesen, dass es unterschiedlichste Bedürfnisse gibt, von denen manche lebenswichtig, andere Luxus sind[15].

Auf der Suche nach einer vereinfachten Bedürfnispyramide nach Maslow sowohl im Internet als auch in Schul- und Arbeitsbüchern stieß ich auf viele verschiedene Ergebnisse. Im Lehrerhandbuch „AWT

---

[14] Kopie der Wortkarte
[15] Vgl. Thomas Frauenknecht, Heinrich Kohl u.a. (2005): Wege zum Beruf 5, Bildungsverlag Eins, Troisdorf, S. 43.

5. Jahrgangsstufe" von Sauter und Sauer[16] wurde zum einen die Bedürfnispyramide vereinfacht, aber dennoch mit sechs Stufen (die vorletzte Stufe „Anerkennung" wurde hier noch einmal geteilt) dargestellt. Dies erschien mir gerade für diese fünfte Klasse zu detailliert.

Zum anderen wurden Bedürfnisse aber auch in Existenz-, Kultur- und Luxusbedürfnisse bzw. nach lebenswichtig, wichtig und weniger wichtig eingeteilt. Diese Einteilung erschien mir für die 5 sehr anschaulich. Anschließend verglich ich diese Bedürfnisse mit Maslows Bedürfnispyramide. Als Existenzbedürfnisse fasste ich der Einfachheit halber die Grundbedürfnisse mit den Sicherheitsbedürfnissen zusammen. Denn ein Dach über dem Kopf zu haben, erscheint den Kindern sicherlich ebenso lebenswichtig, wie Essen und Trinken. Diese Einteilung in lebenswichtige Grundlagen übernimmt auch das Schulbuch ‚Wege zum Beruf', welche es als Grundbedürfnisse bezeichnet.[17] Sicherlich ist die Nahrungsaufnahme in der Hierarchie noch wichtiger als der Aspekt „Wohnen", jedoch soll die Stunde nicht mit zu vielen verschiedenen Bedürfnissen behaftet sein, sodass einfach eine Reduktion nötig ist. Die sozialen Bedürfnisse von Maslow wurden übernommen, während die Kulturbedürfnisse in seiner Bedürfnispyramide so nicht direkt vorkommen. Trotzdem werden diese als wichtig für den Menschen angesehen mitunter weil sie auch im Schulbuch enthalten sind. Die beiden letzten Stufen der Maslowschen Bedürfnispyramide wurden komplett weggelassen, da sie nicht zielführend für die Stunde sind. Stattdessen wurden sie durch Luxusbedürfnisse ersetzt, da den Schülern vor allem der Unterschied zwischen Existenz- und Luxusbedürfnissen bewusst werden soll. Auf diese Weise entstand eine vereinfachte, jedoch abgewandelte Bedürfnispyramide, welche sich gut für die Klasse eignete.

Da die Schüler der Klasse 5 sehr leistungsheterogen sind, erstellte ich zunächst die Arbeitsaufträge für die starke Gruppe und überlegte dann, wie ich schwächeren Schülern die Arbeit erleichtern könnte. Ich kam schließlich zu dem Entschluss diesen Schülern mit Bildern die Zuordnung zu erleichtern.

Um auch wirklich sicherzugehen, dass den Schülern die vorwiegende Wichtigkeit der Befriedigung der Existenzbedürfnisse klar wurde, entschied ich mich, das Erarbeitete in der Phase der Erkenntnisgewinnung noch einmal mithilfe eines (einstürzenden) Hauses zu veranschaulichen. Durch diese nochmalige Wiederholung auf eine andere Methode wird gewährleistet, dass jeder Schüler die grundlegende Botschaft aus der Stunde mitgenommen hat und auch die Schüler abgeholt werden, die es im Vorfeld vielleicht noch nicht ganz verstanden haben.

---

[16] Vgl. Birgit und Gerhard Sauter (2015): AWT 5. Jahrgangsstufe, Pb-Verlag, München.
[17] Vgl. Frauenknecht, T. u.a. (2005): S. 39.

4. Lernarrangement

4.1 Warum eignet sich die gewählte Methode für die Umsetzung der Lerninhalte?

Für die gewählte Stunde wurde eine den Schülern bekannte fiktive Schülerin in ihrem Alter gewählt, um ihnen den Inhalt näher zu bringen, denn diese begleitet die Klasse nahezu seit dem Schuljahresanfang in AWT.

Ein Hörspiel gleichaltriger Kinder zu Beginn der Stunde ist sicher motivierend für die Schüler, allerdings wurde diese Methode im Vorfeld noch nicht geübt. Aus diesem Grund kann das Hörspiel auch noch ein zweites Mal abgespielt werden. Obwohl es sich bei dem Gespräch um zwei Mädchen handelt, sind es keine komplett typischen „Mädchen-„Probleme", sodass sich Jungen ebenfalls mit dem Inhalt identifizieren können. Dabei soll gleichzeitig ihre Fähigkeit zuzuhören geschult werden.

Die Bepunktung der Bedürfnisse durch jeden einzelnen Schüler im Anschluss an das Unterrichtsgespräch aktiviert die Schüler zum Mitdenken.

Um an die anschließende Arbeitsphase heranzuführen, erschien eine kurze Lehrerinformation über Maslow und dessen Bedürfnispyramide sinnvoll. So wird gewährleistet, dass sich alle Schüler auf demselben Wissensstand befinden und in die Arbeitsphase starten können. Hier ist sowohl Einzel- als auch Partnerarbeit denkbar. Da sich aber selbst in der Partnerarbeit immer noch einige Schüler zurücknehmen, erscheint die gewählte Einzelarbeit sinnvoller.

Die Sicherungsphase erfolgt im Unterrichtsgespräch, um ein gemeinsames Tafelbild zu erstellen. Hierfür wurde die Bedürfnispyramide durch die Lehrkraft in ihrer Form bereits an die Tafel skizziert, sodass diese durch vorgefertigte Wortkarten nur noch ergänzt werden müssen.

Gerade in dieser Klasse ist es wichtig, sehr anschaulich und personifiziert zu arbeiten. Um ihnen deshalb die grundlegende Wichtigkeit der Befriedigung der Existenzbedürfnisse in der hierarchischen Anordnung zu verdeutlichen, wird der Vergleich mit einem Haus dargestellt, aus welchem wesentliche Bausteine herausgezogen werden. Die Schüler erkennen dadurch, dass das Haus ohne das Fundament (= die Befriedigung der Existenzbedürfnisse) einstürzt. Bezogen auf uns selbst, können wir eben ohne Befriedigung dieser lebenswichtigen Bedürfnisse nicht überleben.

Um dann von den allgemeinen Informationen wieder zu unserem Ausgangsproblem zu kommen, werden nun die Bedürfnisse der beiden Mädchen in die Pyramide eingeordnet, um das neu erworbene Wissen anzuwenden. Hierbei sollen sie Bezug zu ihrem eingangs durchgeführten Ranking nehmen.

Um am Ende auf sich selbst und ihre Wünsche und Bedürfnisse zurückzukommen, sollen nun ihre Wünsche aus der Einführungsstunde noch einmal in den Blick genommen werden. Zur Verdeutlichung der unterschiedlichen Wünsche und Bedürfnisse mit anderen Kindern werden ein Bild eines Kindes der Dritten Welt sowie einem aktuellen Flüchtlingskind an die Tafel gehängt. Die Schüler wissen, dass Wünsche und Bedürfnisse abhängig von unterschiedlichen Faktoren sind, wie beispielsweise Alter und Herkunft. Die Schüler kommen zur Erkenntnis, dass sie selbst hauptsächlich Luxusbedürfnisse haben, weil es ihnen wirklich gut geht, während Kinder in der Dritten Welt oder in Kriegsgebieten wirkliche Existenzbedürfnisse haben und sich nichts sehnlicher wünschen als ausreichend Nahrung, Sicherheit und Schutz . Sie haben weder ausreichend Essen und Trinken, noch haben sie in den allermeisten Fällen ein Dach über dem Kopf. So soll bestenfalls ein Umdenken in ihren Köpfen stattfinden, dass man nicht alle Luxusartikel unbedingt haben muss, sondern man mit den wirklich wichtigen Dingen glücklich und zufrieden sein sollte.

4.2 Wodurch zeigt sich der Lernzuwachs der Schüler?

Am Ende der Stunde wissen die Schüler, dass es unterschiedlich wichtige Bedürfnisse gibt und können diese benennen. Sie wissen, dass sich ein Wissenschaftler mit der hierarchischen Anordnung von Bedürfnissen beschäftigte und diese in einer Pyramide darstellt, der sogenannten Bedürfnispyramide. Sie können Bedürfnisse innerhalb der Bedürfnispyramide richtig zuordnen und wissen, dass es lebenswichtige, wichtige aber auch weniger wichtige Bedürfnisse gibt. Darüber hinaus machen sie sich Gedanken über ihre eigenen Wünsche und Bedürfnisse und stellen fest, dass sie hauptsächlich Luxusbedürfnisse haben und es ihnen folglich richtig gut geht, während andere Menschen und Kinder wirkliche Existenzbedürfnisse haben. Auf diese Weise sollen die Schüler über ihr eigenes Konsumverhalten nachdenken und ihre Wünsche und Bedürfnisse gegebenenfalls überdenken.

5. Sequenz

Die Unterrichtsstunde und somit die Sequenz lässt sich im Lehrplan unter dem Punkt „5.2 Bedürfnisse, Werbung und Konsum" und dessen Unterpunkt „5.2.1 Bedürfnisse" verorten.

Fach- bzw. Sequenzplanung

AWT

Klasse: 5 Schuljahr: 15/16		
Stundeneinheit: 15		
Thema: **Welche Bedürfnisse sind am wichtigsten?**		
LERNZIELE	**STUNDENTHEMEN**	**ZEIT**
Die S sollen ihre eigenen Wünsche und Bedürfnisse mit denen anderer Menschen vergleichen, hinterfragen und bewerten und den Zusammenhang von Wünschen, Bedürfnissen und Konsum erkennen.	<u>5.2.1 Bedürfnisse</u> Die Wünsche der Klasse 5 (materielle/ immaterielle Wünsche, Wünsche im Vergleich)	1
	Warum will Jonas neue Fußballschuhe ?	1
	Welche Bedürfnisse sind am wichtigsten? (was brauchen wir wirklich? Bedürfnispyramide)	1
	<u>5.2.2 Werbung und Konsum</u> Was ist eigentlich Werbung und wie kann sie aussehen? (Werbemittel und Werbeträger I)	1
Anhand verschiedener Medien sollen sie möglichst handlungsorientiert überprüfen, welche Absichten und Ziele Werbung verfolgt.	Welche Absicht verfolgt Werbung?	1
Dabei sollen sie erfahren, wie sie selbst durch Werbung beeinflusst und zum Konsum angeregt werden.	Mit welchen Tricks arbeitet die Werbung? (Kennenlernen verschiedener Werbestrategien)	1
	Warum gibt es so viel Werbung für Kinder im Fernsehen?	1
	Wer „in" sein will, der braucht...	1
	Werbung für ein Markenprodukt selbst entwerfen	2
Weiterhin sollen die Schüler zu verantwortungsvollem Konsum angeleitet werden.	Wie kann Jonas verantwortungsvoll mit seinem Geld umgehen?	1
	Supermarkterkundung (Vorbereitung, Durchführung, Nachbereitung)	4

6. Unterrichtsverlauf

Fach:	AWT	Klasse:	5	Datum:	18.2.2016
Thema	**Welche Bedürfnisse sind am wichtigsten?**				
Lehrplan	**5.2 Bedürfnisse, Werbung und Konsum** **5.2.1 Bedürfnisse** - eigene (Was will ich? Was brauche ich?) und fremde Bedürfnisse - Zusammenhang zwischen Wünschen, Bedürfnissen und Konsum				
Grobziel	Die Schüler wissen, welche Arten von Bedürfnissen es gibt und wie diese hierarchisch eingeteilt werden können.				
Feinziele	Die SuS ... werden sich bewusst, dass Menschen unterschiedliche Bedürfnisse haben. ... stellen Vermutungen an, welche Bedürfnisse am wichtigsten sind. ... kennen die Begriffe Existenz-, Kultur- Luxus- und soziale Bedürfnisse und können diese voneinander unterscheiden. ... lernen die vereinfachte Bedürfnispyramide nach Maslow kennen. ...können Bedürfnisse innerhalb der Bedürfnispyramide hierarchisch zuordnen sowie ihre eigenen Bedürfnisse in die Bedürfnispyramide richtig einordnen. ...können ihre eigenen Wunsche und Bedürfnisse mit anderen vergleichen.				

L= Lehrer, S= Schüler, L-Info= Lehrerinformation, UG= Unterrichtsgespräch, EA= Einzelarbeit, WK= Wortkarte, BK= Bildkarte, ST= Seitentafel, AA= Arbeitsauftrag

Zeit	Artikulation	Geplantes Lehrerverhalten/ erwartetes Schülerverhalten	Medien/ Arbeitsform
7:57-8:00	**Vorphase**	Begrüßung der Klasse sowie des Seminars	
8:00-8:03	**Einbeziehung der Vorstunde**	L: „Schauen wir uns noch einmal an, was ihr euch so wünscht." L pinnt die Wortkarten der Einführungsstunde an die Tafel: Überschrift: „Wünsche unserer Klasse" - z.B. kein Krieg mehr, Auto, Konzertkarten, Fernseher, Handy, Computerspiele, Zusammenhalt, Urlaub, Villa, Fußballspielen	WK, ST 2
8:03-8:10	**Problemgewinnung** Motivation, Konfrontation Hinführung zur Problemfrage	Bild: Anna und Claudia S: „Links ist Anna, die haben wir bereits kennengelernt." L.: „Genau. Das ist Anna mit ihrer Freundin Claudia. Ich habe eine Unterhaltung mitbekommen zwischen den beiden. Du wirst jetzt erfahren, was die beiden beschäftigt. Hör genau hin." L spielt Telefonat zwischen den beiden Mädchen ab (ggf. noch einmal anhören lassen) ➔ Spontane S-Äußerungen (3-4 hören lassen) ➔ Vorgefertigte Wortkarten *Essen, Trinken, Wohnen, Iphone6, Handyhülle, Freunde, Freizeit* und Blanco-Wortkarten für Ergänzungen ➔ Werden an die Tafel gehängt L: „Ihr habt das richtig erkannt, sie haben unterschiedliche Bedürfnisse und welche wohl wichtiger sind, damit wollen wir uns heute beschäftigen." L schreibt Thema an die Tafel	Visueller Impuls, BK L-Info Hörbeispiel UG WK, Tafel
8:10	**Problemformulierung**	**Welche Bedürfnisse sind am wichtigsten?**	Tafel
8:10-8:15	**Problemlösung** Hypothesen-bildung	L: „Jetzt würde mich interessieren, welche Bedürfnisse du am wichtigsten findest. Du hast auf deinem Tisch 2 Punkte liegen. Das, was du am wichtigsten findest, bekommt einen roten Punkt. Das unwichtigste einen grünen. Gehe dazu an die Tafel." L hängt „Ich vermute" WK an die Tafel S gehen geteilt nach vorne und bepunkten die Wortkarten L: „Während ich kurz an der Tafel etwas schreibe, besprich kurz mit deinem Partner das	Punkte ST 1, WK *Ich vermute*

Zeit	Phase	Verlauf	Medien/Sozialform
		Ergebnis der Punktevergabe"	Murmel-runde
		S äußern sich zum Ergebnis	UG
8:15-8:18	Hinführung zur Erarbeitungsphase	L: „Weil es bei uns jetzt nicht ganz klar war, welche Bedürfnisse denn nun eigentlich wichtiger sind als andere, habe ich euch hier ein Bild von jemandem mitgebracht. Sein Name ist Abraham Maslow und war Wissenschaftler. Er hat sich damit beschäftigt, wie man Bedürfnisse ordnen kann. Er hat mit einer Pyramide gearbeitet. Deswegen nennt man diese auch Bedürfnispyramide." L schlägt anschließend die Tafel auf. Vorbereitetes Tafelbild mit der Bedürfnispyramide.	L-Info Tafel, BK, Bedürfnis-pyramide
8:18-8:30	Erarbeitungsphase	L: „Um zu wissen, was er herausgefunden hat, darfst du mal in seine Forschungsergebnisse spitzen. Hierfür habe ich dir ein Arbeitsblatt mitgebracht"	
	(10 Min. mit Partner)	S lesen AA vor und bearbeiten diesen.	AA, EA
8:30-8:35	Teilsicherung	L: „Du hast nun einiges über die Bedürfnispyramide erfahren. Zusammentragen der Ergebnisse und Erarbeitung eines gemeinsamen Tafelbildes. - die untersten Bedürfnisse = Existenzbedürfnisse (lebenswichtig) - die mittleren =Kulturbedürfnisse und soziale Bedürfnisse (wichtig) - die obersten =Luxusbedürfnisse (eher unwichtig) L heftet WK dazu an die Tafel. L: „Im Text wurde die erste Ebene als Fundament beschrieben, du kannst mir jetzt bestimmt erklären warum." S-Äußerungen	UG WK, Tafel

Zeit	Phase	Verlauf	Medien
8:35-8:38	Erkenntnisgewinnung	Zur Veranschaulichung: L: „Ich habe hier ein Haus aufgebaut, welches man mit der Pyramide vergleichen kann. Stell dir vor, in diesem Haus sind all unsere Wünsche und Bedürfnisse. Schau gut zu, was passiert." L zieht aus dem oberen Teil des Hauses einen Holzklotz heraus. L zieht anschließend aus dem unteren Teil einen Holzklotz heraus. Das Haus stürzt ein. S erklären das Gesehene: Wenn das Fundament nicht da ist, stürzt das Haus ein. Unten sind also die wichtigsten Bedürfnisse."	Vis. Impuls Haus aus Holzklötzen Einzelne Steine UG
8:38-8:41	Bezug zum Ausgangsproblem	L: „Jetzt kannst du mir sicher sagen, wo nun die Bedürfnisse von Anna und Claudia ihren Platz in der Pyramide haben." S: „Claudia hat Luxusbedürfnisse (Iphone 6, Handyhülle, evtl. soziale Bedürfnisse: Freunde) und Anna hat Existenzbedürfnisse (Essen, Trinken, Wohnen)." Zwei S gehen nach vorne und heften die Wort- und Bildkarten der Mädchen in die jeweiligen Ebenen der Bedürfnispyramide	Tafel, BK,WK
8:41-8:43	Hypothesen-überprüfung	L deutet auf Bepunktung zu Beginn der Stunden S vergleichen ihr neues Wissen mit ihren Vermutungen	UG
8:43-8:45	Vertiefung	L: „Gehen wir noch einmal zurück zu euren Wortkarten. Du kannst jetzt sagen, welche Bedürfnisse ihr hauptsächlich habt." L hängt Bild von Dritte-Welt-Kind sowie Flüchtlingskind an die Tafel →S kommen zur Erkenntnis, dass sie hauptsächlich Luxusbedürfnisse haben, weil es ihnen wirklich gut geht, während Kinder in der Dritten Welt oder in Kriegsgebieten wirkliche Existenzbedürfnisse haben	WK der 5, BK

7. Material

<u>Hörspiel</u>

Claudia: Hi Anna! Lange nichts von dir gehört! Wie geht's dir denn so?

Anna (sorgenvoll): Na ja, es geht so. Und dir?

Claudia (selbstbewusst): Mir geht's super!! Ich hab mir gerade ein Iphone 6 gekauft. In GOLD! Das ist der Hammer sag ich dir! Das habe ich mir schon so lange gewünscht. Kann ich deine Nummer einspeichern? Ich muss mir jetzt alle Nummern erst wieder zusammensammeln.

Anna (bescheiden): Ich habe leider kein Handy mehr. Mein altes Samsung ist kaputt. Ich bekomme nur 10 Euro Taschengeld im Monat und das muss ich sparen, weil ich mir davon auch Essen und Trinken kaufen muss. Meine Mama ist alleinerziehend und wir haben nicht so viel Geld. Da möchte ich nicht auch noch so viel Taschengeld bekommen. Am Ende des Monats wird das Geld eh immer knapp und dann übernehme ich manchmal einen Teil der Einkäufe, so dass wir auch am Ende des Monats genug zu essen haben.

Claudia: Oje, das ist ja schrecklich. Ich hab auf meinem neuen Fernseher schon mal so einen Bericht über arme Kinder gesehen. Zum Glück hab ich solche Probleme nicht. Zu meinem 18. Geburtstag hat mir mein Papa schon ein Auto und zwar einen schicken Mercedes versprochen. Warum ich aber eigentlich anrufe. Ich wollte dich fragen, ob du mit mir in die Stadt gehst, ein wenig Shoppen?

Anna: Sorry, ich muss morgen auf meinen kleinen Bruder aufpassen, weil meine Mutter den ganzen Tag auf Arbeit ist. Sonst kann sie die Miete für die Wohnung nicht zahlen und die brauchen wir doch! So viel Freizeit wie du hätte ich auch gerne.

Claudia: Dein Tag klingt echt stressig. Ich wünsche mir zu meinem neuen Handy noch eine Handyhülle. Ach schade, jetzt muss ich alleine Shoppen gehen. Mit Freunden gemeinsam abzuhängen wäre viel schöner. Freue mich, dich morgen zu sehen und dir mein Handy zu zeigen!

Anna: Ja, bis morgen in der Schule!

Bedürfnispyramide

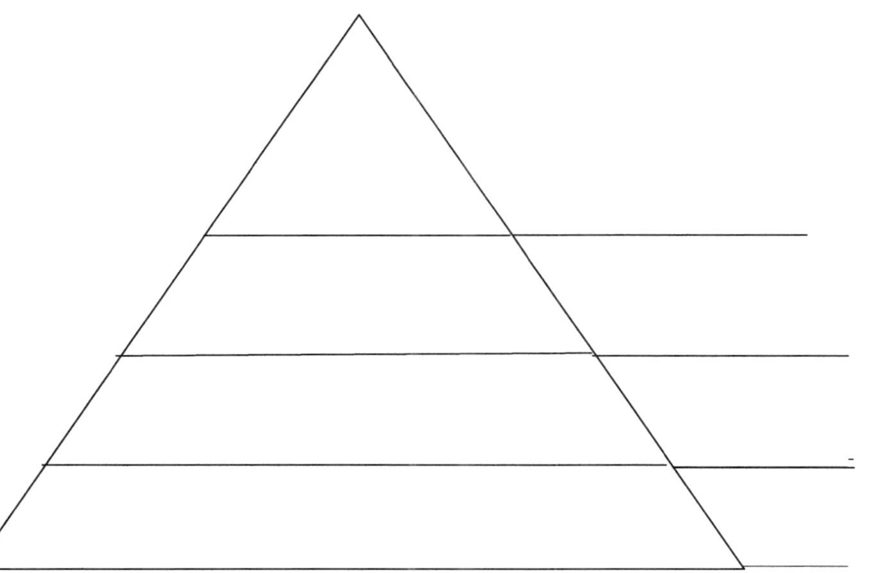

Jeder Mensch hat viele verschiedene Bedürfnisse. Man kann sie in einer Pyramide beschreiben.
Wie bei einem Haus ist das Fundament* besonders wichtig. Das ist die unterste Ebene. Hier stehen die lebenswichtigen Bedürfnisse.
In der Mitte stehen die wichtigen Bedürfnisse.
Oben in die Spitze kommen die Bedürfnisse, die eher weniger wichtig sind.

Nicht alle Bedürfnisse sind gleich wichtig, manche Bedürfnisse sind lebenswichtig. Ohne Nahrung und Medikamente kann niemand überleben. Sie haben also etwas mit unserer Existenz, mit unserem Dasein auf der Erde zu tun.

Jeder Mensch hat soziale Bedürfnisse, sie kommen gleich nach den Existenzbedürfnissen. Das ist wichtig, denn man braucht eine Familie und Freunde oder die Zugehörigkeit zu einer Gruppe.

Manchmal haben wir aber auch das Bedürfnis nach Luxus. Das sind Dinge, die wir nicht brauchen, aber trotzdem haben. Dann wollen wir uns eine wertvolle Musikanlage oder ein teures Handy kaufen.

Viele Bedürfnisse sind kein Luxus, aber auch nicht lebensnotwendig, zum Beispiel ein Fahrrad. Wo werden sie wohl eingeordnet sein? Wir haben auch das Bedürfnis nach Freizeit und Kultur, das ist ebenfalls wichtig. Dann möchten wir uns entspannen oder etwas Schönes machen, zum Beispiel Musik hören. Das sind die so genannten Kulturbedürfnisse.

*Fundament= die Grundlage, die Basis

Arbeitsauftrag:
1. Lies den Text zur Bedürfnispyramide.
2. Beschrifte dann außen die Pyramide mit *weniger wichtig*, *wichtig* und *lebenswichtig*.
3. Schreibe in jede Ebene die jeweilige Bezeichnung der Bedürfnisse.
4. Notiere Beispiele in die jeweilige Ebene.

Für Schnelle: Überlege dir weitere Beispiele für jede Ebene.

Bedürfnispyramide

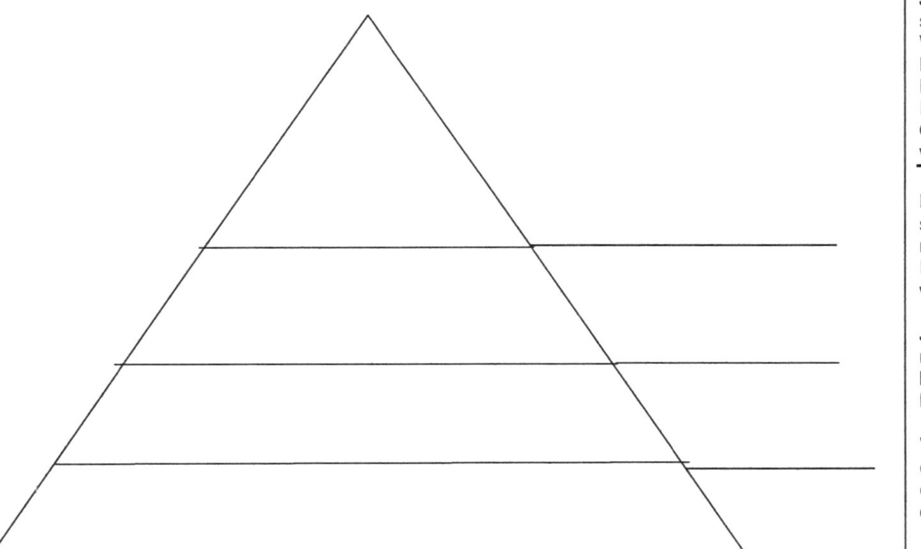

Jeder Mensch hat viele verschiedene Bedürfnisse. Man kann sie in einer Pyramide beschreiben.
Wie bei einem Haus ist das Fundament* besonders wichtig. Das ist die unterste Ebene. Hier stehen die **lebenswichtigen** Bedürfnisse.
In der Mitte stehen die **wichtigen** Bedürfnisse.
Oben in die Spitze kommen die Bedürfnisse, die **eher weniger wichtig** sind.

Nicht alle Bedürfnisse sind gleich wichtig, manche Bedürfnisse sind **lebenswichtig.** Ohne Nahrung und Medikamente kann niemand überleben. Sie haben also etwas mit unserer Existenz, mit unserem Dasein auf der Erde zu tun, deshalb werden sie **Existenzbedürfnisse** genannt.

Jeder Mensch hat **soziale Bedürfnisse**, sie kommen gleich nach den Existenzbedürfnissen. Das ist wichtig, denn man braucht eine Familie und Freunde. Niemand ist gerne für lange Zeit alleine.

Wir haben auch das Bedürfnis nach Freizeit und Kultur, das ist ebenfalls wichtig. Dann möchten wir uns entspannen oder etwas Schönes machen, zum Beispiel Musik hören. Das sind die so genannten **Kulturbedürfnisse.**

Manchmal haben wir aber auch das Bedürfnis nach Luxus. Das sind Dinge, die wir nicht brauchen, aber trotzdem haben. Dann wollen wir uns eine wertvolle Musikanlage oder ein teures Handy kaufen. Wir nennen sie daher auch **Luxusbedürfnisse.**

[Die Pyramide zeigt Beispiele, für Bedürfnisse – auf die Klasse abgestimmt)

Arbeitsauftrag:
1. Lies den Text zur Bedürfnispyramide.
2. Beschrifte dann außen die Pyramide mit *weniger wichtig*, *wichtig* und *lebenswichtig*.
3. Schreibe in jede Ebene die jeweilige Bezeichnung der Bedürfnisse.
4. Notiere Beispiele in die jeweilige Ebene.

Für Schnelle: Überlege dir weitere Beispiele für jede Ebene.

*Fundament= die Grundlage, die Basis

Iphone 6

Handyhülle

Essen

Trinken

Wohnen

Freizeit

Freunde

Existenzbedürfnisse

soziale Bedürfnisse

Kulturbedürfnisse

Luxusbedürfnisse

weniger wichtig

wichtig

lebenswichtig

Geplantes Tafelbild

Ich vermute…		Wünsche unserer Klasse

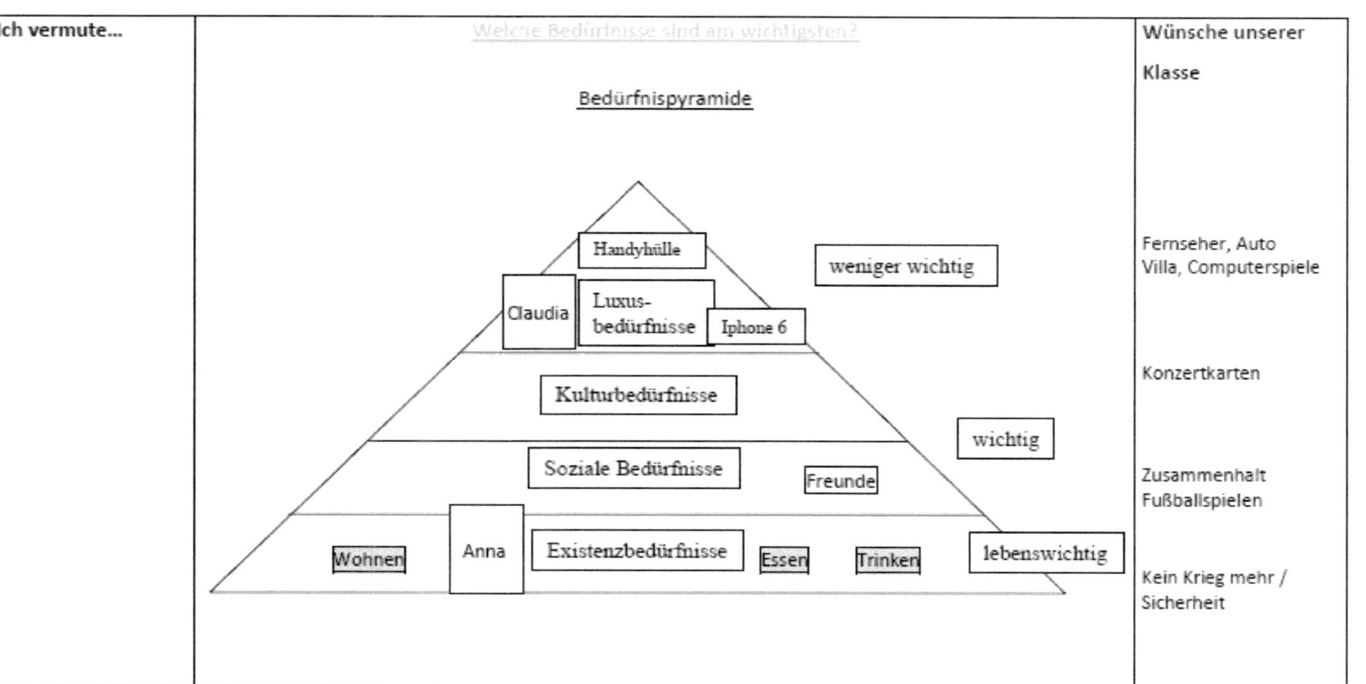

8. Literatur

__Bücher:__

Dörfler, Roland und Andreas Gmelch (2004): Praxis 5 Arbeit Wirtschaft Technik Lehrerband, Westermann Verlag Braunschweig.

Frauenknecht, Thomas, Heinrich Kohl u.a. (2005a): Wege zum Beruf 5, Bildungsverlag Eins Troisdorf.

Frauenknecht, Thomas, Heinrich Kohl u.a. (2005b): Wege zum Beruf 5 Lehrerband, Bildungsverlag Eins Troisdorf.

Holzkamp, Klaus (2003).: Grundlegung der Psychologie, Campus Verlag Frankfurt am Main.

Klose, Veronika und Lydia Ostermeier (2004): AWT aktuell 5 Lehrermaterialien, Oldenbourg Verlag München u.a.

Lüttringhaus, Ulrich, Helmut Maier, u.a. (2005): Arbeit, Wirtschaft, Technik 5. Lehrerband für die 5. Jahrgangsstufe, Auer Verlag GmbH Donauwörth.

Sauter, Birgit und Gerhard Sauter (2015): AWT 5. Jahrgangsstufe, Pb-Verlag München.

__Internet:__
Dr. Peter Pfriem, Fachvertretung AL (Uni Würzburg): Wirtschaftliches Grundwissen
für den AWT-Unterricht http://slideplayer.org/slide/661752/ (zuletzt aufgerufen am 14.2.2016)

Duden: Wunsch: http://www.duden.de/rechtschreibung/Wunsch (zuletzt aufgerufen am 14.2.16)
Bedürfnis: http://www.duden.de/suchen/dudenonline/bed%C3%BCrfnis (zuletzt aufgerufen am 14.2.16)

Lehrplan für die bayerische Mittelschule, Kapitel I:Grundlagen und Leitlinien:
https://www.isb.bayern.de/download/8969/01_kapitel_1.pdf (zuletzt aufgerufen am 14.2.16)